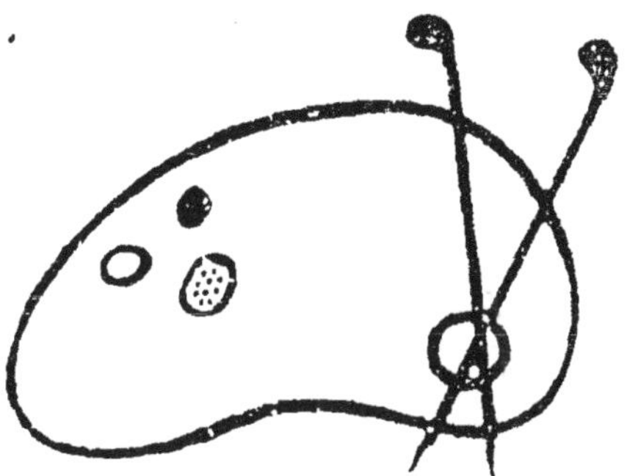

Début d'une série de documents
en couleur

N° 70 Prix : 10 centimes.

INDUSTRIE

LES AIGUILLES

L. BOULANGER, éditeur, 90, boul. Montparnasse, PARIS.

LE LIVRE POUR TOUS

VOLUMES PARUS

1. Hygiène : *La santé.*
2. Médecine : *Les maladies et les remèdes.*
3. Science : *La photographie.*
4. Littérature : *La littérature française.*
5. Géographie : *L'Afrique française.*
6. Armée : *Le service militaire.*
7. Science : *L'astronomie.*
8. Histoire : *Histoire romaine.*
9. Horticulture : *Les fleurs.*
10. Travaux manuels : *La couture.*
11. Hygiène : *Les falsifications.* Aliments.
12. Hygiène : *Les falsifications.* Boissons.
13. Armée : *Les écoles militaires.* Saint-Cyr.
14. Finances : *Les douanes.*
15. Enseignement : *Grammaire anglaise.*
16. Médecine : *Anatomie et physiologie.* Appareil digestif.
17. Économie sociale : *Les impôts.*
18. Science : *Éléments d'arithmétique.*
19. Littérature : *La littérature française.* Le XVIe siècle.
20. Économie sociale : *L'épargne.*
21. Droit : *La justice de paix.*
22. Géographie : *L'Europe.*
23. Économie sociale : *Les assurances.*
24. Science : *L'électricité.*
25. Beaux-Arts : *La peinture sur porcelaine.*
26. Agriculture : *Les engrais.*
27. Littérature : *La littérature française.* XVIIe siècle, 1re période.
28. Économie domestique : *La cave et les vins.*
29. Droit civil : *Les enfants.*
30. Science : *Botanique,* 1re partie.
31. Hygiène : *La première enfance.*
32. Arts d'agrément : *Les feux d'artifice.*
33. Science : *La chimie.*
34. Horticulture : *Les arbres fruitiers.*
35. Droit civil : *Le mariage.*
36. Géographie : *La Russie.*
37. Agriculture : *La viticulture.*
38. Arts d'agrément : *La pêche.*
39. Littérature : *La littérature française.* XVIIe siècle, 2e période.
40. Science : *Botanique. La vie des plantes,* 2e part. Fleurs et fruits.
41. Science : *Les microbes.*
42. Arts d'agrément : *La chasse.*
43. Géographie : *L'Allemagne.*
44. Histoire : *La France,* 1re partie.
45. Littérature : *La littérature française.* XVIIIe siècle.
46. Science : *L'homme préhistorique.*
47. Géographie : *L'Océanie.*
48. Littérature : *La littérature française.* XIXe siècle.
49. Histoire : *La France,* 2e partie.
50. Enseignement : *Grammaire anglaise.* Syntaxe et prononciation.
51. Science : *Cosmographie,* 1re part.
52. Science : *Cosmographie,* 2e partie.
53. Métiers : *L'imprimerie.*
54. Histoire : *Histoire de France.*
55. Métiers : *La typographie.*
56. Cuisine : *L'office.*
57. Travaux manuels : *Le tricot.*
58. Cuisine : *Les viandes,* tome I.
59. Cuisine : *Les viandes,* tome II.
60. Histoire : *Histoire ancienne.*
61. Science : *Torpilles et torpilleurs.*
62. Médecine : *La rage et l'Institut Pasteur.*
63. Armée : *Les fusils à répétition.*
64. Science : *Les tremblements de terre.*
65. Armée : *Les projectiles.*
66. Science : *Les ballons dirigeables.*
67. Armée : *Les mitrailleuses.*
68. Science : *L'électricité au théâtre.*
69. Industrie : *Le canal de Suez.*
70. Industrie : *Les aiguilles.*

POUR PARAITRE

71. Armée : *Les canons.*
72. Industrie : *Les locomotives.*
73. Science : *La lumière électrique.*
74. Industrie : *Les mines.*
75. Viticulture : *Le phylloxera.*
76. Industrie : *Le tissage de la soie.*
77. Grandes écoles : *La manufacture de Sèvres.*
78. Hygiène : *L'alcool.*
79. Grandes écoles : *Les Gobelins.*
80. Beaux-Arts : *Les faïences anciennes.*

10 centimes le volume.

LE LIVRE POUR TOUS

Aujourd'hui un livre, quel qu'il soit, ne peut compter sur un grand succès durable que s'il est tellement *bon marché* que tout le monde puisse l'acheter sans compter, s'il est *tellement intéressant* et utile, que tout le monde dise : « *Je veux le lire, l'avoir et le garder.* »

Or il n'y a pas de livres d'un intérêt plus réel, d'une utilité plus pratique et plus constante que ceux qui fournissent des *renseignements précis et complets* sur ce que tout le monde veut savoir et doit connaître.

Mais ces livres d'information et de référence ne sont vraiment bons qu'à la condition d'être des guides toujours sûrs, des conseillers toujours prêts à répondre exactement aux nombreuses questions que l'on a sans cesse à résoudre. Ils doivent être méthodiques, exacts, clairs, faciles à manier, commodes à emporter partout avec soi. Ils doivent en outre constituer dans leur ensemble la meilleure et la plus parfaite des encyclopédies; et en même temps chacune de leurs parties doit former un tout distinct, de telle sorte que celui qui veut se contenter de cette partie unique y trouve tout ce dont il a besoin.

Un dictionnaire ne peut réunir ces avantages : s'il est volumineux, il est cher et par conséquent pas à la portée de tous; s'il est petit, il est restreint, et les articles en sont nécessairement écourtés, incomplets. De plus le dictionnaire renvoie d'un mot à l'autre, il ne peut se lire à la suite, il contient des redites. Les manuels, les traités sont évidemment plus utiles, mais ils sont d'ordinaire d'un prix élevé, surtout quand il s'agit de questions spéciales ou scientifiques ou techniques.

Nous avons pensé qu'il restait à créer une collection réunissant, à la fois, l'utilité des dictionnaires et celle des manuels, et d'un prix si minime que tout le monde puisse se la procurer.

Nous avons donné à cette collection un titre général disant d'un mot ce qu'elle est :

Le Livre pour tous, c'est-à-dire le livre indispensable à tout le monde, le livre auquel on doit avoir recours en toute occasion et qui mérite toute confiance.

Le Livre pour tous donne à tous les connaissances nécessaires à tous. Il est le vade-mecum de toute instruction pratique, le répertoire de toutes les sciences usuelles.

Le Livre pour tous est le livre de tous ceux qui travaillent, qui étudient, qui s'informent, qui veulent s'éclairer, c'est-à-dire tout le monde.

Ce qui distingue notre collection de toutes celles que l'on a publiées dans le même genre et ce qui fait sa supériorité sur toutes les compilations adressées aux lecteurs sous prétexte de vulgarisation, ce qui doit lui donner la préférence sur les dictionnaires et les manuels, c'est, nous le répétons :

1° Le *bon marché*. Chacun de nos volumes ne coûte que 10 centimes, et contient comme texte le tiers d'un volume ordinaire de 300 pages vendu 3 fr. 50 et même de 4 à 6 francs.

2° L'*abondance et l'exactitude des renseignements*. — Chacun de nos volumes est rédigé avec le plus grand soin par des auteurs compétents d'après les travaux les plus récents et les plus autorisés.

3° La *commodité du format*. — Chacun de nos volumes peut facilement tenir dans la poche, on peut l'emporter avec soi à la promenade, le lire en voiture, en omnibus, en chemin de fer.

4° La *clarté du texte*. — Les volumes sont imprimés en caractères neufs, lisibles sans fatigue, et les matières sont disposées de telle sorte que d'un coup d'œil on trouve ce que l'on cherche.

5° La *valeur documentaire*. — Chaque volume forme un tout; mais l'ensemble des volumes forme une encyclopédie. Dans chaque volume, chaque sujet est traité à fond. De plus chaque volume est accompagné de documents, de tables de références, de tables statistiques, etc., qui sont d'un usage précieux.

Il suffit d'avoir sous les yeux un seul de nos volumes pour se rendre compte de l'importance de notre collection et des services qu'elle rend.

Tous les volumes de la collection sont rédigés avec le même soin, d'après la même méthode et dans le même but d'utilité.

N. B. **Le Livre pour tous** *peut être mis dans toutes les mains. C'est la meilleure récompense à donner aux élèves dans toutes les écoles. C'est la collection la plus utile à tout le monde.*

L'éditeur-gérant : L. BOULANGER.

Sceaux. — Imp. Charaire et Cie.

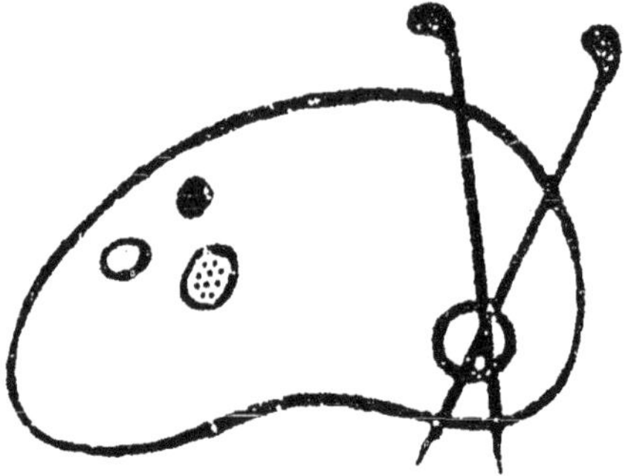

Fin d'une série de documents
en couleur

LES AIGUILLES

70

LES AIGUILLES

La fabrication des aiguilles à coudre est l'une des plus intéressantes qu'on puisse étudier, non seulement par elle-même, mais parce que c'est la manifestation la plus éclatante de la puissance que peut acquérir la division du travail.

Car, pour si petite qu'elle soit, et si peu chère qu'on en perd encore plus qu'on en casse, l'aiguille passe dans les mains de plus de quatre-vingt-dix ouvriers, avant d'être livrée au commerce.

Seul moyen, du reste, de les établir à si bon marché, car l'ouvrier qui ne fait constamment qu'une même opération non seulement ne perd pas de temps à préparer sa besogne, mais acquiert journellement de l'habileté et parvient à exécuter des travaux excessivement délicats, avec une rapidité et une précision, qui étonnent justement ceux qui les voient faire et qui constitue la puissance économique de la production.

La fabrication proprement dite des aiguilles comprend cinq séries d'opérations, indépendantes de celles qu'on a dû faire avant pour travailler le métal et le préparer en fils d'une ténuité satisfaisante, savoir :

1° Le façonnage, autrement dit la conversion du fil métallique en aiguilles brutes, comprenant une vingtaine d'opérations.

2° Le trempage, comprenant la cémentation (quand il y a lieu) et le recuit des aiguilles brutes : une douzaine d'opérations.

3° Le polissage, qui embrasse cinq opérations distinctes répétées successivement chacune dix fois et une sixième qui ne se fait qu'une fois.

4° Le triage, qui comprend cinq opérations.

5° L'affinage, aussi bien que la mise en paquets des aiguilles terminées, pour être livrées au commerce, au total une dizaine d'opérations.

Etudions-les, maintenant, l'une après l'autre, en suivant cet ordre.

OPÉRATIONS DU FAÇONNAGE

1° Le *triage*. — Consiste dans le choix des fils, qui arrivent de la tréfilerie, et dont il faut d'abord éprouver la qualité.

A cet effet on coupe à chaque écheveau ou botte quelques bouts d'une longueur suffisante à l'expérience, que l'on fait rougir dans un four spécial, espèce de poêle en fonte dont la capacité intérieure est de quatre à cinq décimètres.

Les échantillons, auxquels on aura naturellement fait des marques pour les reconnaître, une fois rouges sont précipités dans l'eau froide ; lorsqu'ils sont devenus maniables on les casse avec les doigts pour juger de leur qualité par l'effort qu'il a fallu faire pour les briser et par la plus ou moins grande netteté de leur cassure.

On classe alors les bottes auxquelles ils appartiennent par catégories, réservant les fils les plus cassants pour la fabrication des aiguilles supérieures, dites *aiguilles anglaises*.

2° Le *calibrage*. — C'est la vérification de la grosseur des fils livrés par le tréfileur, au moyen d'un instrument qu'on appelle *jauge*.

Cet instrument est un disque d'acier, entaillé à son pourtour de coches rectangulaires, désignées par des numéros et présentant toutes les grosseurs dont on peut avoir besoin pour les usages du commerce.

Naturellement, un fil est dit de tel numéro quand il peut entrer dans la taille correspondante à ce numéro.

3° Le *décrassage*. — Avant de pouvoir passer à la filière,

il faut que le fil soit décrassé, car les tréfileries ne le livrent point sans l'avoir trempé dans un enduit noir, qui a pour objet de le garantir de la rouille.

Filage et repassage des fils.

C'est cet enduit qu'il s'agit d'enlever : opération facile, du reste, mais assez longue puisqu'elle se fait à la main, avec du mâchefer enveloppé dans un linge, dont l'ouvrier frotte les fils jusqu'à décrassage complet.

4° Le *filage*. — Cette opération, qui consiste à faire passer le fil dans une filière du calibre voulu, est exactement celle de la tréfilerie, seulement elle se fait à la main par un ouvrier qui tire le fil avec une tenaille pour l'examiner attentivement dans toute sa longueur, en ayant soin de le graisser avec une couenne de lard pour faciliter le tirage.

Son établi diffère du banc à tirer, non seulement en ce que la filière est montée d'une façon provisoire, au moyen d'une espèce d'étau qui la maintient dans la position verticale, mais encore en ce que la table porte plusieurs bobines autour desquelles le fil s'enroulera au fur et à mesure qu'il sortira de la filière; puisque les bobines sont mises en mouvement par des engrenages fixés à un arbre moteur, qui se trouve sous la table.

Du reste ces bobines ne servent que dans l'opération suivante, car dans celle-ci, l'ouvrier tire par longueurs, au moyen de sa pince, le fil qu'il enroule à ses pieds à mesure qu'il est calibré.

5° Le *repassage*. — C'est un second passage dans une filière un peu plus étroite que la précédente, dans le but de faire disparaître de sur le fil les marques que les tenailles de l'ouvrier y ont imprimées de distance en distance.

Cette fois le fil s'étire définitivement et s'enroule sur les bobines de l'établi.

Il est bien évident que ces deux opérations pourraient se réduire à une seule, si l'on se servait d'un banc à tirer outillé comme celui des tréfileries, mais la vérification serait moins minutieuse.

Cela se fait certainement, car avec le besoin de produire beaucoup et vite, on simplifie le travail le plus qu'on peut pour diminuer la main-d'œuvre, et un certain nombre des opérations manuelles que nous allons décrire, se font aujourd'hui mécaniquement, surtout dans les fabriques du continent.

Mais les fabricants anglais, qui ont une réputation à soutenir, n'ont point admis dans leurs usines un progrès susceptible d'altérer la qualité des produits.

Ce sont, en général, leurs procédés que nous indiquons, ce qui ne nous empêchera pas d'ouvrir des parenthèses, toutes les fois que nous aurons des exceptions à constater.

6° Le *dévidage*. — Les fils vérifiés et admis pour la fabrication sont alors dévidés de sur les bobines et enroulés sur un appareil spécial, dont la dimension est en rapport avec la longueur qu'il s'agit de donner aux aiguilles, de façon à éviter, par des fausses coupes, les pertes du métal (on verra comment tout à l'heure).

Cet appareil, qu'on appelle dévidoir, a la forme d'un cône tronqué, il tourne autour d'un axe vertical, la petite base en haut, ce qui permet de former la botte qui se com-

pose de 90 à 100 tours, sur un point quelconque de la hauteur du dévidoir, que l'on fixe au moyen de chevilles, de façon à ce qu'elle ait une circonférence correspondant exactement à un certain nombre d'aiguilles.

On dévide donc d'autant plus haut qu'on veut fabriquer des aiguilles plus petites.

7° Le *coupage*. — Lorsque la nouvelle botte de fil est complète, on l'enlève de sur le rouet et on la coupe en deux points diamétralement opposés, soit au moyen d'une forte cisaille à main, et, dans ce cas, l'opération peut se faire sur le rouet même, soit avec une cisaille mue mécaniquement, de façon à obtenir deux faisceaux d'une longueur égale et composés chacun de 90 à 100 fils, puisque nous avons dit que c'était le nombre de tours qu'on laissait faire au fil sur le dévidoir.

En fabrication courante, ces faisceaux ont généralement 26 ou 27 décimètres de longueur, mais cette longueur augmente ou diminue selon qu'on veut avoir des aiguilles plus longues ou plus courtes, il a suffi pour cela d'enrouler la botte de fil de fer plus bas ou plus haut sur le dévidoir.

8° Le *découpage.* — Les deux faisceaux de fils, obtenus par le premier coupage, sont réunis et présentés à des cisailles mécaniques, pour être découpés en morceaux d'une longueur un peu supérieure à celle de deux aiguilles terminées, mais de quelques millimètres seulement, car il y a peu de perte.

La cisaille employée à cette opération donne, en travail ordinaire, une vingtaine de coups par minute, mais tous les coups ne sont pas utiles, il y en a toujours un de perdu sur trois, et comme il faut s'y reprendre à deux fois pour couper le faisceau de cent fils, il s'ensuit qu'un seul ouvrier conduisant la machine, peut couper par journée de dix heures plus de quatre cent mille tronçons de fil de fer ou d'acier, qui serviront à faire huit cent mille aiguilles.

9° Le *dressage.* — Les fils, coupés ainsi, sont nécessairement pliés ou courbés, il faut alors les redresser, ce qui se fait très vite en opérant par masses au moyen d'un système très ingénieux, mais d'un outillage très simple puisqu'il ne comporte que deux anneaux, une règle à jour et un banc à presser.

On prend une poignée de fils qu'on réunit en faisceau au moyen des deux anneaux, dans lesquels on en fait entrer le plus possible, de façon à ce qu'ils soient bien serrés et bien presssés.

Ce faisceau, obtenu solidement, et qui se compose alors de cinq à six mille fils de deux aiguilles, on le chauffe jusqu'au rouge cerise, dans un four établi à cet effet, puis on le porte sur le banc à presser, sur une plaque de fonte recouverte de sable fin, que l'on puise avec une spatule dans une caisse disposée pour cela sous le banc.

On applique ensuite sur le rouleau une règle à jour qu'on appelle *râpe* et dont les fentes sont naturellement calculées pour que les anneaux se trouvent encastrés dedans.

Faisant alors aller et venir la règle, — montée sur une bascule, — sur le faisceau, ce qui le fait nécessairement tourner sur la plaque de fonte, on redresse en quelques minutes tous les fils qui le composent.

L'ouvrier n'a plus alors qu'à appuyer le pied sur la pédale, la bascule joue, la râpe est soulevée et le rouleau peut être facilement enlevé, pour être porté à l'atelier d'empointerie.

10° L'*empointerie.* — L'aiguiserie, qui a pour objet la fabrication de la pointe des aiguilles, se fait dans un atelier spécial où sont distribuées une certaine quantité de meules

Redressage des aiguilles.

en grès quartzeux, de 50 centimètres de diamètre, de façon à pouvoir être actionnées par le même moteur.

Comme elles tournent avec une grande vitesse et que, par conséquent, elles seraient susceptibles d'éclater et de blesser les ouvriers, on les enveloppe d'une forte tôle ouverte seulement au milieu sur une hauteur de vingt centimètres qui en permet l'accès, et une largeur un peu plus grande que l'épaisseur des meules.

Chaque ouvrier, assis devant la meule qui lui est destinée, prend entre le pouce et l'index une cinquantaine de fils, qu'il présente d'abord par un bout sur la partie découverte de la meule, appuyant sur ces fils avec un doigtier de cuir fort qu'il fait jouer de façon à leur imprimer, à tous à la fois, le même mouvement de rotation, indispensable pour que les pointes soient coniques.

Il faut une grande habileté pour manœuvrer à la fois un grand nombre de fils, de façon à ce que leur rotation soit assez régulière pour que la conicité soit parfaite, mais les bons ouvriers ne sont pas rares, et il en est qui opèrent avec des pincées de 60 fils et même davantage.

Naturellement quand les fils sont aiguisés d'un côté, on les retourne de l'autre; puisque chaque fil doit servir pour deux aiguilles, mais ce premier travail sur la meule n'est encore que le *dégrossissage*.

Quand il est fait, d'ailleurs, les fils sont déjà rouges, tant ils ont été échauffés par le frottement de la meule, l'ouvrier les jette alors dans une caisse pleine d'eau disposée à côté de lui, et où il les reprend quand ils sont refroidis, pour leur donner le finissage.

Cette opération, la seule véritablement insalubre de la fabrication des aiguilles, est des plus dangereuses; l'ouvrier se coiffe bien d'un chapeau, dont le large bord est rabattu sur son visage, et percé devant les yeux de deux trous garnis de verres comme des lunettes, et cela garantit sa vue de l'éclat des étincelles brûlantes qui jaillissent de tous côtés par le frottement à sec du métal sur la meule.

Dans certaines usines, surtout en Angleterre, on a même un garde-vue plus commode, sorte de cadre en fer garni de verre, que sa mobilité permet de placer devant la meule à l'endroit nécessaire pour arrêter complètement les étincelles, sans empêcher à l'ouvrier de pouvoir suivre toutes les phases de son opération.

Mais ce n'est là qu'un des côtés de la question, car ce qu'il y a de plus redoutable pour les ouvriers empointeurs, de plus nuisible à leur santé, c'est la poussière produite à la fois par l'usure de l'acier et de la meule, poussière qu'ils ne peuvent faire autrement que de respirer, et qui, sans les moyens préservatifs qu'on s'est ingénié à trouver, leur attaquerait les poumons et les ferait mourir de phtisie après dix ou quinze ans de pratique.

Dans certaines usines de la Prusse Rhénane et de Westphalie, où l'on veut surtout fabriquer économiquement, l'empointage ne se fait plus à la meule de grès, mais mécaniquement avec des outils d'acier en forme de limes que l'on perfectionne tous les jours et qui, malgré cela, ne donnent que des aiguilles incapables de soutenir la concurrence avec les aiguilles anglaises, non seulement comme qualité, mais comme forme.

Ainsi, tandis que ces dernières, aiguisées à la main, vont toujours en s'amincissant depuis la tête ou *chas* et se terminent graduellement par une pointe d'une finesse extrême, les aiguilles allemandes, dont l'aiguisage se fait mécaniquement, sont cylindriques sur leur plus grande longueur et se terminent brusquement en un cône plus ou moins effilé.

Il est vrai qu'elles sont plus de moitié moins chères, ce qui est une compensation pour le consommateur.

Lorsque les fils sont empointés des deux bouts, ils reviennent au premier atelier, où l'on en fera définitivement des aiguilles; mais ici il y a une variante dans les procédés de fabrication. Ainsi, tandis que les Anglais commencent d'abord par séparer les fils d'acier en deux aiguilles, dont les têtes sont aplaties ensuite au marteau par un ouvrier *palmeur;* à Laigle et dans les usines allemandes, les aiguilles jumelles ne sont séparées qu'après l'*estampage;* c'est ainsi qu'on appelle l'aplatissement de la tête, qui se fait mécaniquement et d'un seul coup, pour deux aiguilles à la fois.

Nous allons étudier séparément les deux systèmes.

11° *Procédé anglais. Séparation des aiguilles.* — Sortant de l'atelier d'empointerie, les fils, aiguisés aux deux extrémités, sont séparés en deux pour fournir deux aiguilles.

A cet effet, on se sert d'une plaque de cuivre, munie de chaque côté d'un rebord et qui devient une sorte de matrice; puisque l'espace compris entre les deux rebords est justement la longueur que doivent avoir les aiguilles.

On place donc sur cette plaque un certain nombre de fils, en ajustant les pointes au rebord, et on les coupe tous à la fois, au niveau exact de la largeur de la plaque, au moyen d'une forte cisaille à main, mais que dans le cas présent l'ouvrier fait mouvoir avec son genou, puisqu'il a les deux mains occupées.

Ce premier coup donné, la partie restante de la poignée de

fils est posée à son tour sur la plaque, pointes alignées sur un rebord, pour être coupée à son tour exactement de la longueur voulue, c'est-à-dire au ras de la plaque.

12° *Palmage* (système anglais). — Au fur et à mesure que les aiguilles ont été coupées de la longueur voulue, on les a rangées les unes sur les autres, et le plus parallèlement possible, dans des petites boîtes en bois ou en carton, qui sont portées à l'ouvrier chargé d'aplatir la tête des aiguilles, et qu'on appelle le palmeur.

Le palmeur, assis devant une table sur laquelle est fixée une petite enclume d'acier (qu'il appelle *tas*) affectant la forme d'un cube de 8 à 9 centimètres de côté, prend de la main gauche une trentaine d'aiguilles qu'il dispose, par un rapide mouvement du pouce sur son index, en forme d'éventail, serrant les pointes sous son pouce, et espaçant les têtes en dehors, de façon qu'elles puissent porter toutes à la fois, sans être l'une sur l'autre, sur sa petite enclume.

De la main droite, alors, il saisit un petit marteau à tête plate et frappe, sur toutes les têtes, autant de coups successifs qu'il en faut pour les aplatir convenablement.

Après quoi il remet les aiguilles dans une boîte et continue son opération sur de nouvelles poignées.

13° *Chauffage* (procédé anglais). — L'aplatissement des têtes d'aiguilles a eu l'inconvénient d'écrouir l'acier, et pour qu'elles puissent supporter le perçage sans courir les chances de se casser ou de se fendre, on les fait recuire avant de les soumettre à cette opération.

Rien n'est plus simple, du reste, puisqu'il s'agit de les porter dans un four chauffé en conséquence, et de les en retirer quand elles sont rouges, pour les laisser refroidir lentement.

14° *Marquage* (procédé anglais). — Les aiguilles refroidies, on en perce les têtes pour faire ce qu'on appelle le *chas*, avec un poinçon d'acier qui a la forme et les dimensions qu'on veut donner à l'œil ou au trou des aiguilles.

Ce travail est fait par des femmes, souvent même par des enfants, qui y acquièrent une habileté extraordinaire, à ce point qu'il n'en est presque pas qui ne soient capables de percer un cheveu pour en faire passer un autre au travers.

Il faut pour cela des outils d'une finesse extrême, tel est le poinçon dont ils se servent.

L'enfant, assis devant une table munie d'un petit *tas* en acier poli, prend de la main gauche une aiguille dont il pose la tête sur le tas, de la main droite il pose sur la tête de l'aiguille le poinçon qu'il soutient verticalement de la main gauche, et sur lequel il frappe un coup de marteau qui commence le marquage.

Alors il retourne l'aiguille de l'autre côté et recommence son opération, de façon à rencontrer le trou qu'il a déjà commencé sur le côté opposé.

Cette opération ne demande que deux mouvements, mais elle n'accomplit pas complètement le perçage, le métal repoussé par le poinçon restant presque toujours au milieu du trou ; les aiguilles passent donc alors au troquage.

15° *Troquage* (procédé anglais). — C'est encore un enfant qui est chargé de ce travail, consistant, comme nous venons de le dire, dans l'enlèvement du petit morceau d'acier qui reste encore dans la tête des aiguilles.

Pour cela, il a sur son établi deux petits tas, l'un de plomb et l'autre d'acier.

Sur le tas de plomb, il place la tête de l'aiguille et appliquant un poinçon, dans le trou déjà fait, il frappe un coup qui fait entrer dans le plomb le petit morceau d'acier qu'il s'agit de chasser.

Puis, laissant le poinçon traverser l'aiguille, il pose celle-ci avec le poinçon dedans, naturellement, sur le tas d'acier, et frappe sur chacun de ses côtés un petit coup sec, qui a pour objet de faire prendre au trou de l'aiguille la forme exacte du poinçon.

∴

Examinons maintenant le procédé français, qui réduit à trois les cinq opérations que nous venons de décrire : savoir l'estampage, le perçage et la séparation des aiguilles.

L'*estampage*, qui a pour objet l'aplatissement de la tête des aiguilles, se fait à l'aide d'un appareil bien connu, employé d'ailleurs dans nombre d'autres industries.

Sur un établi en chêne, solidement fixé, est posé un bloc ou moule d'acier, retenu au bois par de fortes vis, deux arbres verticaux s'élèvent de chaque côté de ce moule et sont réunis, en haut, par une traverse, pour porter un bloc ou mouton d'un poids relativement considérable, et terminé par un

Estampage des aiguilles jumelles avant leur séparation.

poinçon, dont le relief s'adapte exactement au creux de l'estampe.

Cette exactitude rigoureuse est obtenue à l'aide des glissières, fixées le long des montants et dans lesquelles le mouton agit exactement comme le couteau d'une guillotine, étant maintenu à sa partie supérieure par une corde ou une forte courroie qui passe sur une poulie, et descend devant l'ouvrier, lequel peut la faire manœuvrer avec son pied, par le moyen d'un étrier qui la termine.

L'estampeur place l'aiguille jumelle de telle façon que son milieu, portant sur un petit bloc d'acier, entaillé dans la forme d'une double tête, corresponde au poinçon placé à la partie inférieure du mouton.

Appuyant le pied sur l'étrier qui commande ledit mouton, il le soulève et le laisse retomber brusquement sur le fil, où la double empreinte dessine aussitôt les deux têtes des aiguilles, en marquant d'avance la place des trous qui doivent être percés dedans.

Ce travail, excessivement rapide, peut l'être encore davantage, si l'on substitue un moteur mécanique au pied de l'ouvrier, mais en donnant seulement de 15 à 20 coups de mouton par minute, un homme seul peut faire de huit à dix mille estampages dans sa journée de dix heures; c'est-à-dire aplatir la tête de seize à vingt mille aiguilles.

Le *perçage*. — L'opération du perçage se fait à peu près comme celle de l'estampage, seulement comme il n'est pas besoin d'une force si grande, puisque ce sont généralement des femmes qui sont préposées à ce travail, on se sert seulement d'un levier, emmanché à une vis de pression au bout de laquelle est adapté un poinçon à deux pointes d'acier, espacées comme il convient, pour percer, en agissant à la façon d'un emporte-pièce, l'aiguille jumelle, aux deux endroits indiqués par l'estampe.

Tout le monde connaît cet instrument d'origine française, d'ailleurs, c'est le classique balancier et la gravure le rappellera à la mémoire de tous.

Séparation des aiguilles. — Au fur et à mesure que les aiguilles sont percées, une petite fille qui se tient auprès de la perceuse les enfile dans deux brochettes de fer de 15 à 20 centimètres de longueur, de façon à en former des espèces d'arêtes de poissons.

Ces doubles brochettes ont pour objet de préparer le travail de la séparation des aiguilles.

En effet, l'ouvrier chargé de cette opération les prend et les applique sur une petite tablette, construite à deux versants à peu près comme le toit d'une maison, où elles

Perçage des aiguilles.

sont maintenues par le moyen d'un cadre en cuivre dont l'une des extrémités tourne autour d'une charnière, tandis que l'autre porte une chaîne fixée à une pédale, dont l'ouvrier règle la pression avec son pied.

Alors, en quelques coups d'une lime triangulaire, il abat

les attaches qui reliaient les deux aiguilles, lesquelles se trouvent maintenant faire deux brochettes.

Un autre ouvrier prend ces brochettes successivement, et les assujettissant sur son établi avec une pince à ressort, il adoucit les aspérités de la cassure, qui ne se produit jamais d'une façon très nette.

Séparation des aiguilles jumelles.

Les opérations suivantes étant communes à tous les procédés de fabrication nous reprenons nos numéros d'ordre.

16° L'*évidage*. — L'évidage, qui consiste dans la fabrication de la cannelure qui permet d'enfiler le fil dans le chas de l'aiguille, se fait à la main par un ouvrier nommé naturellement *évideur*, et dont l'outillage consiste :

1° En un tasseau de bois, fixé sur sa table de travail et qui, devant lui servir à maintenir les aiguilles, est muni de deux entailles : l'une angulaire, pour appuyer l'aiguille du côté de la pointe, l'autre demi-cylindrique pour y encastrer la tête de l'aiguille.

2° En une pince à bride avec laquelle il saisit les aiguilles.

3° En une lime plate qui à la forme d'une petite hache, dont le tranchant est aiguisé en scie ; c'est avec cet instrument que se fait la cannelure.

Et 4°, en une lime carrée, taillée sur ses quatre faces et qui lui sert pour arrondir la tête des aiguilles.

L'évideur, ainsi installé, place une aiguille dans la pince, de façon à ce que l'œil corresponde au côté plat de cette pince.

Il pose ensuite l'aiguille dans l'entaille angulaire du tasseau, en ayant soin que le chas de l'aiguille soit placé horizontalement, et, prenant de la main droite sa lime plate, en deux coups il creuse la coulisse longitudinale.

Mais comme il doit répéter cette opération sur l'autre côté de l'aiguille, il la tourne sur elle-même saus la déplacer et fait agir sa lime.

Il ne lui reste plus qu'à arrondir la tête de l'aiguille, et cela se fait sans que la pince et l'aiguille qu'elle porte quittent sa main gauche ; il appuie la tête dans l'entaille demi-cylindrique du tasseau et avec deux ou trois coups de sa lime carrée, il abat les angles de la tête de l'aiguille.

Alors, il desserre avec le petit doigt de sa main gauche la bride de la pince, et l'aiguille, évidée et arrondie, tombe sur l'établi.

17° Le *rangement*. — Lorsque les aiguilles, dont le façonnage brut est à peu près terminé, encombrent la table de travail de l'évideur, il s'agit de les ranger pour qu'elles aient toutes la tête tournée du même côté.

C'est l'affaire d'un autre ouvrier, qui fait ce tri d'une façon aussi simple qu'ingénieuse, ne remontant pourtant qu'à 1833.

Autrefois cette besogne était confiée à des enfants, qui étaient obligés de prendre les aiguilles presque une à une pour les placer dans le sens voulu, aujourd'hui on les pousse pêle-mêle dans une espèce d'auge plate, dont le fond est légèrement concave ; un ouvrier prend cette auge à deux mains, l'agite horizontalement de droite à gauche, puis de gauche à droite et d'arrière en avant.

Et ces mouvements d'oscillation et de trépidation, répétés aussi vivement que possible et dans des directions convenables, trient comme par enchantement les aiguilles, qui viennent se ranger tête à tête et parallèlement les unes aux autres, sur le côté de la boîte, que l'ouvrier tient légèrement inclinée et appuyée sur son ventre.

Cette opération est la dernière de la première série, pour ce qui concerne les aiguilles ordinaires, mais pour les produits de qualités supérieures que l'on veut distinguer par une marque de fabrique ou un poinçon spécial, il y a encore trois opérations qui sont la marque, le redressement et le 2e rangement.

La marque se fait exactement comme le palmage, s'il s'agit du système anglais, ou comme l'estampage dans la méthode française.

Le redressement n'est qu'une répétition de la 9e opération, de même que le 2e rangement n'est que la répétition de la 17e.

OPÉRATIONS DE LA 2e SÉRIE

La deuxième série des opérations a pour objet la trempe qui donne à l'acier toute la dureté dont il est suceptible; mais comme presque la plupart des aiguilles françaises et allemandes sont fabriquées avec du fil de fer, il faut d'abord convertir le fer en acier, ce qui s'obtient par la cémentation.

Cémentation. — Les aiguilles sont mises en paquets par des enfants qui les rangent symétriquement avec des lits de charbon de bois, en petits morceaux, dans une boîte carrée en fonte, qu'on appelle une marmite, et qui en contient depuis deux cent mille jusqu'à cinq cent mille.

Cette marmite, dont le couvercle est luté soigneusement pour empêcher l'action de l'air et surtout pour éviter autant que possible la déperdition du calorique, est placée dans un four spécial préalablement chauffé, et que l'on entretient au rouge pendant sept à huit heures.

Ce temps suffit à la cuisson, après quoi, les aiguilles

ayant absorbé tout le charbon, sont devenues de l'acier après le refroidissement progressif du four.

Cette opération est toujours suivie d'une autre, car la rectitude des aiguilles s'est généralement perdue à la cémentation, et il faut les redresser à chaud, en répétant la 9e opération de la 1re série.

LA TREMPE

Un atelier de trempage se compose essentiellement :

1° D'un fourneau spécial garni d'une grille pour recevoir le charbon de bois, de deux barreaux de terre destinés à supporter les plateaux renfermant les aiguilles, et naturellement d'une cheminée, munie d'un régulateur qui permet de pousser la marche du feu selon les besoins de l'opération.

2° De chaudrons de cuivre qu'on appelle cuveaux, et qui, devant toujours être remplis d'eau froide, sont munis d'un tuyau de remplissage et d'un robinet d'écoulement.

3° D'un ou de plusieurs poêles en fonte, dits poêles à recuire, lutés avec de l'argile sur tout leur pourtour, et recouverts d'une table en fonte, dont nous verrons l'usage tout à l'heure.

Et enfin de tables ou d'établis, assez vastes pour qu'on puisse déposer dessus, les boîtes qui contiennent les aiguilles à tremper et les plateaux sur lesquels on les dispose pour cela.

Le trempage comporte dix opérations dont plusieurs se répètent, il est vrai, mais qui ne nécessitent pas moins autant d'ouvriers.

1° Le *triage*. On fait d'abord subir aux aiguilles un premier examen, dans lequel on écarte toutes celles qui présentent quelque défectuosité qu'on pourra corriger plus tard, mais qui, pour le présent, les font mettre au rebut.

2° La *mise en tas*. Les aiguilles reçues pour le trempage, sont mises en tas que l'on pèse par 15 kilogrammes et que l'on enferme dans des boîtes séparées selon la dimension des produits. Ce poids représente de 250,000 à 500,000 aiguilles.

3° *Préparation des plateaux*. Une boîte est posée sur la table et un ouvrier puise dedans pour garnir les plateaux sur

Ateliers de trempage et de bronzage.

lesquels il range, parallèlement à leur longueur, environ dix mille aiguilles; deux plateaux étant mis à la fois dans le four, c'est donc vingt mille aiguilles qui se trempent d'un coup.

4° Le *trempage* consiste à pousser au rouge vif les aiguilles rangées sur les deux plateaux, qu'on dépose sur les grilles en terre cuite du fourneau et à les précipiter ensuite dans l'eau froide, par un mouvement circulaire, de façon à ce qu'elles reçoivent à peu près toutes la même trempe en se refroidissant subitement.

Puis, on vide les cuveaux en faisant écouler l'eau et on enlève avec des crochets qu'on appelle mains de fer, les aiguilles, que l'on dépose pêle-mêle dans une boîte.

5° *Rangement.* Cette opération nous est déjà connue.

6° *Décrassage.* La trempe augmente la ductilité de l'acier. Mais précisément à cause de cela les aiguilles qui viennent de la subir seraient trop cassantes si on ne les recuisait pas.

Pour cela, il faut d'abord enlever la crasse dont la trempe les a couvertes ; soit, comme à Laigle, en vannant les aiguilles avec de la sciure de bois, ou plus longuement par le procédé anglais que voici :

On place le contenu de deux plateaux, c'est-à-dire 200,000 aiguilles, tant à côté les unes des autres que bout à bout, dans une toile serrée, et l'on en fait un rouleau que l'on lie solidement par les deux extrémités.

L'ouvrier décrasseur pose ce rouleau sur une table, et le fait rouler en avant et en arrière, en appuyant dessus avec une règle de bois ou de métal, qu'il fait constamment aller et venir.

Quand il juge que les aiguilles ont été suffisamment frottées l'une sur l'autre pour que la crasse s'en soit détachée, il trempe son rouleau dans un seau d'eau, le remet sur la table, et le roule à nouveau pour que la crasse se fixe après la toile.

7° Le *recuit*, se fait sur une table de fonte surmontant un poêle à recuire, chauffé de façon à ce que cette table soit presque rouge.

Les aiguilles y sont déposées par deux ouvriers (un de chaque côté de la plaque) en deux rangées parallèles de huit à dix millimètres d'épaisseur et longue de cinquante à soixante centimètres.

Alors, prenant chacun une règle en fer courbée, ils roulent sans cesse les aiguilles, en appuyant dessus de façon à ce que toutes puissent recevoir également et successivement l'action du feu, que leur communique la table de fonte.

Cela dure jusqu'à ce que les aiguilles aient pris uniformément une couleur bleue, alors le recuit est terminé et les aiguilles poussées hors de la table du poêle, sont jetées dans une sébile placée au bas.

Les aiguilles, encore une fois mêlées, ont besoin d'un nouveau rangement, ensuite il faut les redresser, car elles se sont plus ou moins déformées au recuit, et les ranger à nouveau pour les envoyer à l'atelier de polissage : total trois opérations que nous connaissons déjà.

LE POLISSAGE.

Le polissage constitue la troisième série qui est la plus longue de la fabrication, car il comprend cinq opérations qu'il faut répéter dix fois de suite.

L'outillage d'un atelier de polissage se compose :

1° D'un établi, garni d'une auge, ou moule, destiné à la confection des rouleaux d'aiguilles ;

2° D'un moulin à polir, pourvu de transmissions pour être mû par le moteur de l'usine ;

3° D'un tonneau à dégraisser, mobile autour de son axe et mis en mouvement par une courroie de transmission ;

4° D'un van en cuivre ;

5° D'un baril de cuivre, également mû par le moteur ;

Les cinq opérations que les aiguilles doivent subir deux fois de suite pour arriver à un polissage parfait sont les suivantes :

1° *Confection des rouleaux.* — On place dans le fond de l'auge deux ou trois carrés de toile assez grands pour en couvrir les côtés et déborder au dehors ; comme il faut que le rouleau soit très solide, on augmente l'épaisseur de ce qui en doit être l'enveloppe, avec plusieurs bandes longitudinales de toile épaisse.

On étend dessus une couche de petites pierres de schiste quartzeux micacé ou de silex, d'émeri, de pierre calcaire compacte et même dans certains cas, lorsqu'on veut *donner aux aiguilles* un poli très blanc, de potée d'étain.

Sur cette garniture on pose dans le sens de la longueur de l'auge, une couche d'aiguilles épaisse d'un centimètre et longue d'environ 45 centimètres, ce qui fait huit longueurs d'aiguilles ordinaires, placées bout à bout.

Là-dessus, nouvelle couche de petites pierres, nouvelle couche d'aiguilles et ainsi de suite jusqu'au cinquième lit d'aiguilles, qui est recouvert par une sixième couche de petites pierres.

On verse sur le tout un demi-litre d'huile de colza et on ferme le rouleau en repliant d'abord la toile par les bords puis par les bouts, que l'on étrangle avec une ficelle de façon à assurer la solidité du paquet.

Lorsqu'un certain nombre de rouleaux sont préparés de cette manière on achève de les lier avec une longue ficelle, que l'on serre étroitement autour de chaque rouleau, en lui faisant décrire un certain nombre de spires, qui se recouvrent mutuellement, et on les porte au moulin à polir.

2° *Polissage proprement dit.* — Le polissoir se compose de deux pesants chariots, roulant en sens inverse sur des madriers en chêne, au moyen de roues à rainure, glissant sur des rails.

L'un des chariots s'avance pendant que l'autre recule. Les rouleaux d'aiguilles placés sur les madriers et enfermés séparément dans un compartiment qui correspond à l'un des montants verticaux du bâti en charpente, sont roulés constamment dans un sens et dans l'autre, par les chariots qui vont et viennent et leur font subir une forte pression.

Cette pression écrase naturellement les caillous contenus dans les rouleaux et c'est leur frottement, qui s'accentue de plus en plus, qui donne aux aiguilles le poli qui leur est nécessaire.

Seulement l'opération est lente, elle dure de dix-huit à vingt heures, les premières fois du moins, car il est bien entendu qu'on doit la répéter dix fois.

3° *Dégraissage.* — Le dégraissage des aiguilles se fait dans le tonneau disposé pour cela, où elles sont introduites avec de la sciure de bois ou de la paille hachée, et où elles subissent un mouvement de rotation, que l'on prolonge autant que cela est nécessaire.

4° *Vannage.* — Le vannage est le complément de la précédente opération, il a pour objet de séparer les aiguilles de la sciure de bois et de les assécher.

Le dégraissage.

5° *Rangement.* — Le rangement se fait comme nous le savons déjà. Après quoi on remet les aiguilles en rouleau et, comme nous l'avons dit, on recommence dix fois les cinq opérations. Les sept premières fois le polissage dure vingt heures, la huitième les aiguilles ne sont arrosées que d'huile, roulent pendant six heures et sont dégraissées à la sciure de bois dans le baril de cuivre; les deux dernières fois les aiguilles alternent dans les rouleaux avec des lits de son : le roulage n'est que de quelques heures, et le dégraissage se fait au tonneau de cuivre, employé, du reste, toutes les fois qu'il n'y a pas de cailloux dans le mélange.

Cette fois le rangement ne se fait pas; mais l'opération n'est qu'ajournée, elle se fera après l'essuyage.

— *L'essuyage* est une opération trèsimportante; puisqu'elle a pour objet d'éviter la rouille qui ne manquerait pas d'envahir les aiguilles si elles conservaient la moindre humidité, et très minutieux; puisqu'il faut que les aiguilles soient prises une à une et essuyées avec un linge.

TRIAGE

Les opérations de la 4e série ne sont qu'au nombre de cinq, dont l'ensemble a pour objet de séparer les aiguilles par qualités de poli, par dimensions, et surtout d'en écarter définitivement les mauvaises.

Voici, du reste, les cinq opérations :

1° *Le détournement.* — Qui consiste à mettre toutes les têtes du même côté; non pas mécaniquement, car l'ouvrier détourneur doit en même temps rejeter toutes les aiguilles cassées par le milieu et qui ne pourront plus être utilisées.

2° *L'étalage* est un second tri duquel on écarte les aiguilles qui sont seulement cassées à la tête et pourront servir à faire des aiguilles d'une dimension moindre.

De celles qui restent l'étaleur fait deux lots, en raison de leur poli plus ou moins brillant.

3° La *vérification* porte surtout sur la pointe des aiguilles; le vérificateur met de côté celles qui sont émoussées, pour les renvoyer à l'empointerie, et celles qui se sont courbées au polissage, pour les faire passer au redresseur.

4° Le *redressement* se fait à la main, avec un marteau sur une petite enclume de bois.

5° Le *triage définitif* consiste à faire trois tas des aiguilles, non selon leur qualité mais d'après leur longueur. Ce qui fait en somme six tas, puisqu'il y a deux qualités de poli.

OPÉRATIONS DE LA 5e SÉRIE

La 5e série d'opérations comprend: le bronzage, le drillage, le brunissage et la mise en paquets.

1° Le *bronzage* a pour objet de faciliter le drillage; il se fait par un ouvrier et un apprenti dans un atelier qui contient un four à réchauffer : l'outillage ne se compose que d'une barre de fer rouge et d'une espèce de table en cuivre, suspendue à un support, de façon à avoir un mouvement oscillatoire, à peu près comme le plateau d'une balance.

L'enfant aligne, la tête en dehors, sur la table de cuivre, un certain nombre d'aiguilles sur lesquelles, en dessous des têtes, naturellement, l'ouvrier vient appliquer sa barre de fer rouge, dont la chaleur détermine bientôt sur les aiguilles l'apparition d'une couleur bleuâtre.

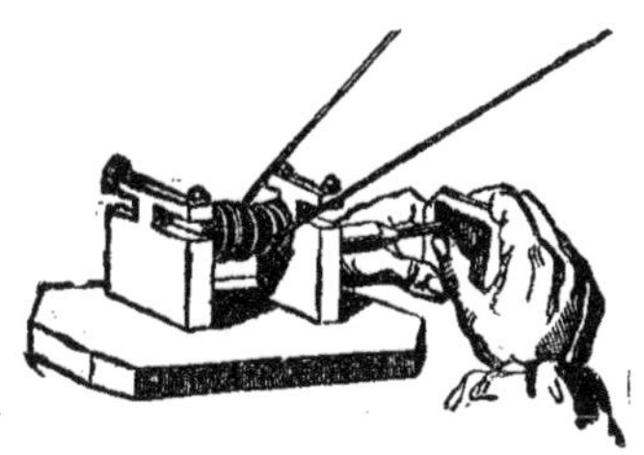

Le drillage.

Cette opération terminée, le bronzeur fait osciller sa tablette, les aiguilles tombent dans une boîte ménagée au dessous.

2° Le *drillage* est une espèce de perçage qui perfectionne le chas de l'aiguille; l'instrument qui accomplit cette opération est un petit burin d'acier, très fin, monté sur un tour minuscule, et animé d'un mouvement de rotation très rapide;

3° Le *brunissage* s'opère sur une bobine de buffle, emmanchée dans une sorte de tour à pointe, actionnée très rapidement par une courroie de transmission.

Il consiste à faire rouler les aiguilles entre les doigts pendant qu'on les appuie sur la bobine recouverte de matières pulvérentes, qui varient selon les usines, mais qui, cependant, sont presque toujours du tripoli ou du rouge d'Angleterre.

MISE EN PAQUETS

La mise en paquets des aiguilles constitue sept opérations, faites généralement par des enfants :

1° La *préparation du papier* consiste à couper le papier en rectangles d'une dimension triple de la longueur des aiguilles qu'il doit renfermer.

2° Le *pli*. — Ce papier est passé à un enfant qui, faisant deux plis dans sa longueur, divise la largeur en trois parties égales, et forme ainsi le premier pli du paquet.

3° Le *comptage* ne se fait plus à la main, d'abord; au pesage, ensuite; mais au moyen du compteur mécanique inventé par M. Pastor.

C'est une règle en fer, dont le bord supérieur porte des cannelures en nombre déterminé, et proportionnées à la grosseur des aiguilles ; les cannelures sont juste assez large et assez profondes pour ne contenir qu'une seule aiguille.

Il suffit donc de jeter sur cette règle une quantité d'aiguilles assez grande pour en compter, très vite et sans erreur, cent à la fois, qu'on n'a plus qu'à faire tomber sur le papier.

4° Le *pliage* consiste en la fermeture des paquets de cent, dont l'ouvrier fait entrer l'une dans l'autre les extrémités du papier; après quoi il les dépose dans une boîte qui porte le numéro des aiguilles.

5° L'*étiquetage* consiste à coller sur chaque paquet une étiquette, spéciale au fabricant, indiquant le numéro, l'espèce et la qualité des aiguilles.

6° Le *paquetage* consiste à réunir en un seul dix paquets de cent, ce qui compose un paquet de mille aiguilles, que l'on lie avec un fil blanc ou rouge, selon les marques de fabrique, et que l'on enveloppe d'une nouvelle feuille de papier, recouverte quelquefois d'une étiquette plus ou moins dorée, ou simplement revêtue d'un timbre sec.

7° L'*emballage*. — Les paquets de mille aiguilles sont réunis par cinquante dans une petite balle qu'on enveloppe d'abord d'un papier blanc, puis d'une ou deux vessies de porc suffisamment desséchées pour qu'elles ne contiennent plus d'humidité.

Le tout est recouvert ensuite d'une toile cirée ou d'un papier ciré et d'une dernière enveloppe de toile grise, sur laquelle on coud une étiquette mentionnant l'assortiment des aiguilles contenues dans le ballot de cinquante mille.

C'est dans cet état qu'elles sont livrées au commerce de gros.

Du moins, le plus ordinairement, car on invente tous les jours des espèces de sachets de petites boîtes plus ou moins riches qui ne donnent point de qualité aux aiguilles, mais qui en rendent l'acquisition au détail bien plus agréable.

Tel est l'ensemble des opérations qu'il faut faire subir aux aiguilles, simplement pour qu'elles soient vendables.

Pour qu'elles soient excellentes, il faut que ces opérations soient accomplies avec le plus grand soin et le plus d'habileté possible.

Voici, du reste, les conditions auxquelles doit satisfaire une bonne aiguille :

Que la partie cylindrique soit d'une rectitude parfaite.

Que la cannelure soit faite avec la plus grande régularité.

Que le chas soit percé bien dans l'axe, et que ses bords, bien polis, ne coupent pas le fil.

Que la tête présente assez de résistance pour ne pas se casser sous l'effort, qu'il faut quelquefois opérer pour faire passer le fil au travers certaines étoffes.

Que la pointe soit aiguë, bien conique, et ne déviant pas de l'axe.

Que le poli soit parfait pour que l'entrée dans l'étoffe soit facile aussi bien que la sortie.

Enfin, ou pour mieux dire d'abord, car c'est la première condition : que le fil soit d'acier de bonne qualité et bien trempé.

Et c'est précisément ce qui a fait d'abord la supériorité des aiguilles anglaises.

L. Huard.

TABLE DES MATIÈRES

Pages.

Sceaux. — Imp. Charaire et Cie

www.ingramcontent.com/pod-product-compliance
Ingram Content Group UK Ltd.
Pitfield, Milton Keynes, MK11 3LW, UK
UKHW012306240726
13966UKWH00004B/1662

9 782012 785298